世界气象中心（北京）运行纪事

World Meteorological Centre Beijing's Milestones

（2018—2019）

周庆亮 任璐 王毅 刘爽 张楠 编著

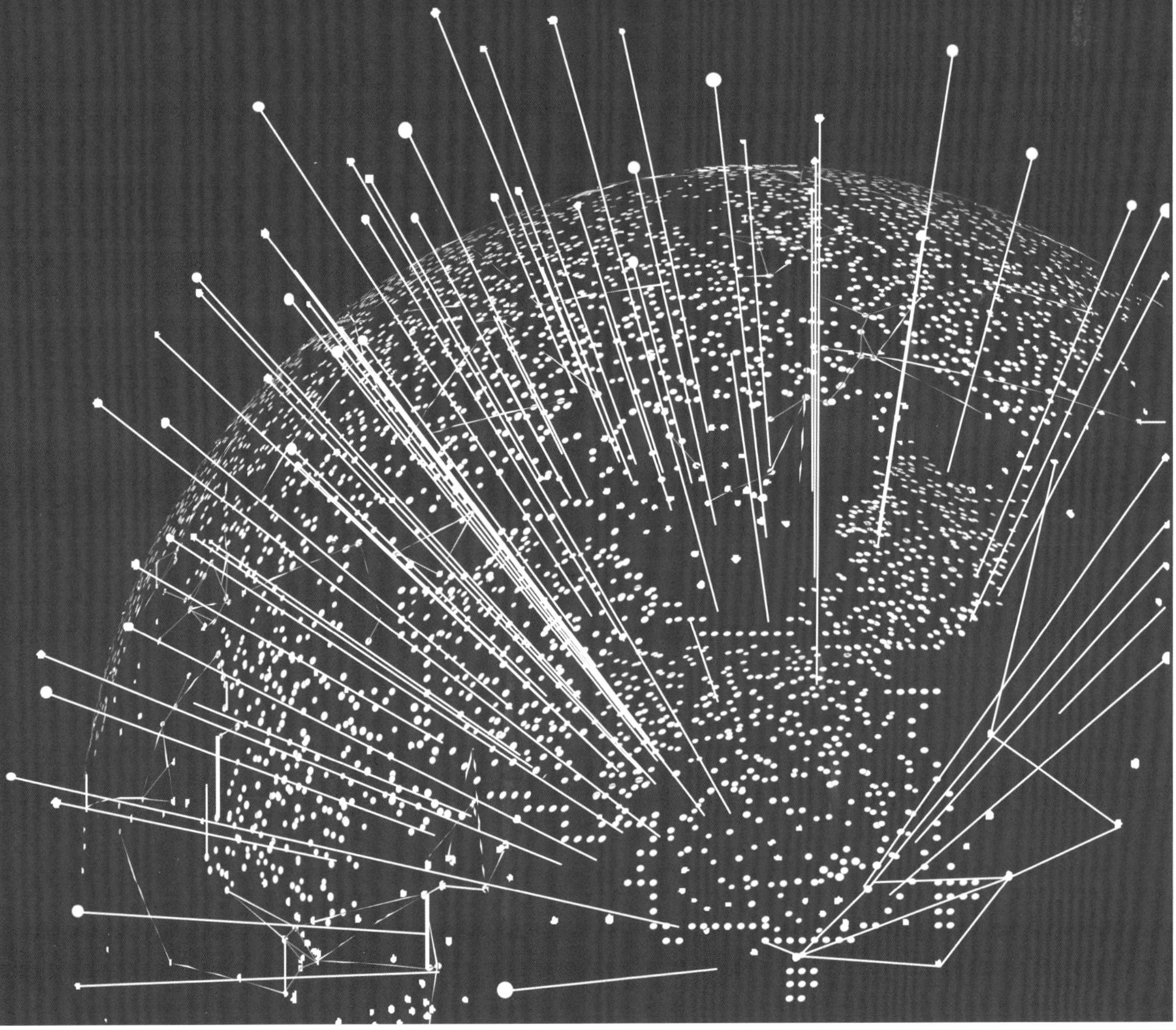

图书在版编目（CIP）数据

世界气象中心（北京）运行纪事. 2018—2019 / 周庆亮等编著. -- 北京：气象出版社，2020.2
ISBN 978-7-5029-7085-7

Ⅰ. ①世⋯ Ⅱ. ①周⋯ Ⅲ. ①天气预报－组织－工作概况－北京 Ⅳ. ①P451

中国版本图书馆CIP数据核字(2019)第244422号

世界气象中心（北京）运行纪事（2018—2019）
Shijie Qixiang Zhongxin (Beijing) Yunxing Jishi (2018—2019)

出版发行：	气象出版社			
地　　址：	北京市海淀区中关村南大街46号		邮政编码：	100081
电　　话：	010-68407112（总编室）	010-68408042（发行部）		
网　　址：	http://www.qxcbs.com		E-mail：	qxcbs@cma.gov.cn
责任编辑：	宿晓凤		终　　审：	吴晓鹏
责任校对：	张硕杰		责任技编：	赵相宁
设　　计：	北京追韵文化发展有限公司			
印　　刷：	北京地大彩印有限公司			
开　　本：	880 mm × 1230mm　1/16		印　　张：	2.5
字　　数：	65千字			
版　　次：	2020年2月第1版		印　　次：	2020年2月第1次印刷
定　　价：	28.00元			

本书如存在文字不清、漏印以及缺页、倒页、脱页等，请与本社发行部联系调换

目录

第一章 中心缘起

1. 引言
2. 申报
3. 认定
4. 愿景

第二章 要闻回顾

5. 世界气象中心（北京）正式授牌
6. 世界气象中心（北京）运行方案印发
7. 世界气象中心（北京）门户网站实现业务化运行
8. 世界气象中心（北京）召开首次运行工作会议
9. 世界气象中心（北京）召开联络员首次工作会议
10. 全球预报业务能力建设项目获批
11. 世界气象中心（北京）2019年工作计划获批
13. 世界气象中心（北京）产品通过北京全球信息系统中心发布
14. 国家气象中心被认定为WMO亚洲沙尘暴预报区域专业气象中心
15. 国家气象中心被认定为WMO海洋气象服务区域专业气象中心

第三章 业务进展

16. 风云卫星国际数据实现全面升级
16. CMACast系统对接CMACloud应用试验
17. 亚洲区域多灾种预警系统（GMAS-A）试运行
18. GRAPES四维变分同化系统实现业务化运行
19. 北京气候中心研制新版高分辨率气候系统模式
19. 多尺度模式动力框架取得新进展

第四章　相关活动

- 20　首届 WMO 世界气象中心研讨会在北京召开
- 21　中越就台风"山竹"进行视频会商
- 21　世界气象中心（北京）为阿富汗应对旱灾提供气象服务
- 22　世界气象中心（北京）牵头组织首次国际培训活动
- 22　第 2 届中国—东盟气象合作论坛技术交流会召开
- 23　WMO SDS-WAS 国际会议在日本举行
- 23　气象卫星产品应用国际培训班在广州开班
- 24　第 3 届台风监测及预报国际培训班在北京开班
- 25　第 9 届 WMO 热带气旋技术协调会在美国举行
- 26　首届 WWNWS-SC 与 WWMIWS 联合会议在摩纳哥召开
- 26　第 4 届 WMO 季风强降水国际研讨会在深圳召开
- 27　首届 JCOMM 中国专家组会议在国家气象中心召开
- 28　WMO 向联合国及其他人道主义机构提供气象、水文和气候信息产品和服务研讨会在瑞士召开
- 29　WMO 人道主义/气象联合模拟和学习研讨会在瑞士召开
- 29　WMO SWFDP-BoB 首次管理组会议在斯里兰卡举行
- 30　第 4 届数值预报科学指导委员会会议在北京召开
- 31　第 15 届亚洲区域气候监测、预测和评估论坛在广西召开
- 32　世界气象中心（北京）运行办公室组织 TC-51 摄影比赛中国推荐作品评比工作

附　录

- 34　世界气象中心（北京）门户网站首批业务产品列表

致　谢

第一章　中心缘起

引言

为响应联合国第 16 届大会"和平利用外层空间国际合作"的决议，1962 年 6 月，世界气象组织（WMO）执行理事会第 14 次届会提出了世界天气监视网（World Weather Watch）计划。1963 年 4 月，第 4 次世界气象大会正式批准了该计划。世界天气监视网计划的业务体系由全球观测系统（GOS）、全球通信系统（GTS）和全球资料处理和预报系统（GDPFS）三部分组成，其中，全球资料处理和预报系统是核心业务系统。

全球资料处理和预报系统构建了世界气象中心（WMC）、区域专业气象中心（RSMC）和国家气象中心（NMC）三级体系，各级气象中心分别在全球、区域和国家层面履行全球资料处理和预报系统的规定职能。世界气象中心、区域专业气象中心由 WMO 负责认定，国家气象中心由 WMO 会员自行认定。

自 1967 年始，截至 2017 年 WMO 执行理事会第 69 次届会前，WMO 在此框架下认定了美国、苏联（后由俄罗斯接承）、澳大利亚 3 个世界气象中心，认定了 25 个基于地理概念的区域专业气象中心和 16 个基于活动专业化概念的区域专业气象中心，认定了 12 个长期预报中心和 6 个区域气候中心。

2017 年 5 月，WMO 执行理事会第 69 次届会批准生效了新的《全球资料处理和预报系统手册》（Manual on the Global Data-Processing and Forecasting System）（WMO-No.485）。新手册作为全球资料处理和预报系统的唯一技术规范，明确指出了今后该系统各类中心的职责、认定条件和履职要求。

中国气象的发展始终瞄准世界前列，每一次的气象科技进步，都使我国离"世界气象中心"更近一步。1979 年 5 月，第 8 次世界气象大会首次认定中国为全球资料处理和预报系统的区域气象中心，即北京区域气象中心。1997 年 6 月，在 WMO 执行理事会第 49 次届会上，中国被认定为核环境紧急响应区域专业气象中心。1988 年 6 月，经 WMO 执行理事会第 40 次届会批准，北京区域气象中心被过渡为基于地理概念的区域专业气象中心——北京区域专业气象中心。2007 年 5 月，在 WMO 执行理事会第 59 次届会上，中国被认定为全球长期预报中心。2009 年 6 月，在 WMO 执行理事会第 61 次届会上，中国被认定为亚洲区域气候中心。2017 年 5 月，在 WMO 执行理事会第 69 次届会上，中国被认定为世界气象中心和亚洲沙尘暴预报区域专业气象中心。2018 年 6 月，在 WMO 执行理事会第 70 次届会上，中国被认定为海洋气象服务区域专业气象中心。

申报

2016年6月，WMO秘书处致函中国气象局，提出"请目前承担全球资料处理和预报系统中心的会员确认未来是否继续承担相关中心"。经中国气象局相关职能司与国家气象中心、国家气候中心完成相关评估后，中国气象局向WMO首次表达了未来承担世界气象中心的意向。

2016年11月，在WMO基本系统委员会第16次届会（CBS-16）召开前，WMO秘书处致函中国气象局在基本系统委员会资料处理和预报系统开放计划领域组下的预报过程与支持专家组代表和联合组长、国家气象中心副主任兼中国气象局数值预报中心主任王建捷，征询中国气象局是否有意在CBS-16届会上提出承担世界气象中心的正式申请，并通报了欧洲中期天气预报中心、英国、加拿大、日本等其他WMO会员的申报意向。中国气象局积极响应WMO这一动议，并指派国家气象中心、国家气候中心代表中国气象局在CBS-16届会上作技术报告，展示中国的技术实力和水平。

国家气象中心联合国家气候中心，以及中国气象局预报与网络司、国际合作司等职能部门，共同完成了中国申报世界气象中心的申报材料。2016年11月26日，国家气象中心主任毕宝贵代表中国气象局在CBS-16届会上进行了陈述，申报材料顺利通过评估。

2017年1月，WMO秘书处来函指出，在CBS-16届会上提出申报世界气象中心的会员，须尽快正式提出申报意向并提交申报材料。根据此要求，在中国气象局预报与网络司、国际合作司等职能部门的指导下，国家气象中心和国家气候中心向WMO秘书处提交了更新的申报材料。

WMO秘书处组织基本系统委员会相关专家对中国等全球资料处理和预报系统中心提交的申报资料进行评审后，正式报送WMO执行理事会第69次届会批准。

第一章　中心缘起

认定

2017年5月17日，WMO执行理事会第69次届会认定中国气象局为世界气象中心。这标志着我国气象预报业务能力总体达到世界先进水平，体现了我国在世界气象业务组织、技术交流等方面的牵头、骨干作用，进一步提升了我国在世界气象舞台上的显示度、国际影响力和国际贡献率。

世界气象中心是WMO核心的全球气象预报、预测业务机构，其职责是为世界各国实时气象预报、预测业务提供稳定、丰富、高质量的无缝隙天气气候分析、预报、预测指导产品，并牵头开展国际气象预报技术交流、技术培训等活动。

截至2019年底，全球共有9个世界气象中心：1967年4月，第5次世界气象大会认定美国华盛顿、苏联莫斯科和澳大利亚墨尔本为首批3个世界气象中心；2017年5月，WMO执行理事会第69次届会认定欧洲中期天气预报中心、英国埃克塞特、加拿大蒙特利尔、日本东京和中国北京为世界气象中心；2018年6月，WMO执行理事会第70次届会认定德国奥芬巴赫为世界气象中心。

CERTIFICATE

China Meteorological Administration (CMA) designated as a World Meteorological Centre (namely WMC Beijing) in May 2017

In response to UN General Assembly Resolution 1721 (XVI) (December 1961) "International Cooperation in the Peaceful Uses of Outer Space", great efforts have been taken by WMO including to develop world wide operational centres to strengthen forecasting capabilities to bring benefit from advancements in science and technology to society. WMO's Global Data Processing and Forecasting System (GDPFS) is organized as a three-level system of World Meteorological Centres (WMCs), Regional Specialized Meteorological Centres (RSMCs) and National Meteorological Centres (NMCs) which carry out prescribed GDPFS functions at the global, regional and national levels, respectively. A WMC carries out at least following three functions (a) Global deterministic numerical weather prediction; (b) Global ensemble numerical weather prediction; and, (c) Global numerical long-range prediction, to support WMO Members and their National Meteorological and Hydrological Services (NMHSs) in provision of better services related to weather, climate, water and related environment. Looking into future, WMCs may need to adapt to new challenges to meet increasing demands of the growing socioeconomic developments and changing environment.

This certificate refers to Resolution 18 of the WMO Executive Council adopted at its 69th session (Geneva, Switzerland, May 2017); the designated WMCs are subject to performance monitoring by WMO

Prof. Petteri Taalas
Secretary-General of WMO

世界气象中心（北京）认定证书

愿景

作为践行我国"一带一路"倡议，实现中国气象走向"全球监测、全球预报、全球服务"的目标，带头落实无缝隙全球资料处理和预报系统的世界气象业务新战略，满足经济社会不断发展和气象防灾减灾更高需求的重要抓手，世界气象中心（北京）将着力于：

（一）持续发展全球数值预报技术。瞄准全球领先水平，持之以恒地发展具有完全中国自主知识产权的全球/区域数值预报系统（GRAPES），以及台风、沙尘暴、核污染等专业数值预报系统；建立次季节—季节—年际尺度气候一体化预测模式系统，加快天气、气候数值预报系统一体化建设。

（二）建设中国卫星全球产品体系。吸收全球卫星资料分析应用经验，充分利用"风云三号"（FY-3）、"风云四号"（FY-4）系列气象卫星及高分辨率遥感卫星等国内和国际卫星资源，结合地面观测实时资料，发展以"风云"系列气象卫星为主的全球大气、海洋、陆地等产品体系，建立相关卫星数据产品国际标准，大力加强气象卫星资料和产品在数值预报资料同化、灾害性天气全天候监测和相关重大环境时间的监测评估、临近天气预警预报分析、公众视觉观感产品服务等各项预报服务中的应用。

（三）建成高速气象数据交换中心。依托WMO北京全球信息系统中心（GISC-Beijing），建立全球各类观测、预报及关联数据的汇交与主动采集机制，满足数值预报产品、卫星遥感产品等大体量数据的实时、高速收集和分发需求，以及各类灾害性天气预警信息等高频次数据的实时共享需求。

（四）建立全球无缝隙预报产品体系。践行WMO无缝隙全球资料处理与预报系统的理念，逐渐将我国现有的精细化网格预报、气候预测和专业气象产品向全球陆地和海洋区域拓展，并逐渐发展成从分钟到年、覆盖全球的无缝隙气象预报业务产品体系；按照WMO关于风险预警和影响预报的发展理念，发挥我国在气象防灾减灾、专业气象服务等领域的优势，推动天气预报向天气影响预报发展，逐步增强对台风、暴雨、干旱、洪水、强对流、沙尘暴等灾害性天气和厄尔尼诺等极端气候事件的影响预报能力。

（五）搭建大区域性国际会商平台。采用最新的互联网技术，搭建可以多国别、多用户实时在线的国际天气会商平台，实现国家之间高清流畅的音视频和数据快速共享；建立稳定的天气预报技术会商机制和应急机制，为实施联合国国际救援、危机管理、应急响应和人道主义援助提供相应的业务技术和专家咨询支撑。

（六）建立预报和服务技术国际交流机制。建立以气象信息综合分析处理系统（MICAPS）为主体的"全球灾害性天气监测和预报示范国际平台"，每年邀请全球欠发达地区的年轻预报技术人员在此平台进行业务应用培训；定期开展面向全球欠发达地区业务预报员的数值预报产品应用培训和区域业务预报技术交流等活动，扩展业务系统的对外技术辐射范围。

第二章 要闻回顾

世界气象中心（北京）正式授牌

2018年1月16日，在2018年全国气象局长会议上，中国气象局局长刘雅鸣将"世界气象中心（北京）"牌匾正式授予国家气象中心。按照中国气象局的要求，国家气象中心将联合国家气候中心、国家卫星气象中心、国家气象信息中心、中国气象局公共气象服务中心、中国气象科学研究院、中国气象局气象干部培训学院，以及中国气象局气象宣传与科普中心、中国气象报社等业务和科研单位，协同合作，切实保障世界气象中心（北京）职责的履行。

中国气象局将以世界气象中心（北京）建设为契机，加强顶层设计，着眼全球，着力区域，努力建成全球预报预测业务中心、高速气象数据交换中心和区域性国际会商平台，建立预报、预测技术国际交流机制，促进我国不断从气象大国向世界气象强国迈进。

2018年1月16日，中国气象局局长刘雅鸣在全国气象局长会议上为"世界气象中心（北京）"授牌

2018年9月10日，世界气象中心（北京）立牌

世界气象中心（北京）运行方案印发

为保障世界气象中心（北京）按照WMO的有关要求认真履行职责，充分发挥WMO核心气象业务机构的作用，进一步提升中国气象业务的国际影响力，2018年5月30日，中国气象局印发《关于世界气象中心（北京）管理运行有关问题的通知》（以下简称《通知》），就世界气象中心（北京）的运行机制、职责分工等作出明确规定。

《通知》规定，世界气象中心（北京）由中国气象局预报与网络司归口管理。中国气象局预报与网络司负责组织编制世界气象中心（北京）发展规划和建设工作方案，指导世界气象中心（北京）建设工作和业务管理工作；负责与中国气象局相关内设机构、有关单位沟通和协调，以便为世界气象中心（北京）的建设、运行和发展提供必要保障。中国气象局国际合作司负责管理世界气象中心（北京）与WMO及其他会员、其他世界性和区域性国际组织或机构的合作、活动和交流工作；负责指导世界气象中心（北京）与国内其他气象国际合作计划和活动的对接工作。另外，中国气象局有关职能司需根据职责分工，为世界气象中心（北京）的建设、运行和发展提供政策支持和指导。

《通知》要求，世界气象中心（北京）的日常运行管理由国家气象中心牵头负责，并在国家气象中心设立运行办公室；国家气象中心、国家气候中心、国家卫星气象中心、国家气象信息中心、中国气象局公共气象服务中心、中国气象科学研究院、中国气象局气象干部培训学院，以及中国气象局气象宣传与科普中心、中国气象报社等相关业务和科研单位按照职责分工开展工作，切实保障世界气象中心（北京）的建设、运行和发展。

中国气象局园区主要业务单位示意图

第二章 要闻回顾

世界气象中心（北京）门户网站实现业务化运行

2018年5月31日，世界气象中心（北京）门户网站（http://www.wmc-bj.net）业务化运行顺利通过验收。2018年6月6日，该网站正式上线，这标志着世界气象中心（北京）正式实现业务化运行，可为各国实时提供多项气象预报预测业务产品及支持。该网站上载了我国业务天气模式GRAPES确定性预报产品、集合预报产品，以及我国气候业务模式BCC-CPS长期预报产品，对我国新一代静止气象卫星"风云四号"A星和极轨气象卫星"风云三号"C星产品进行了重点展示，并实现了中央气象台全球地面、高空观测分析产品的在线分享。此外，该网站开发了基于微信的"天气论坛"国际天气预报会商平台，并链接了中国气象局承担的区域专业气象中心（RSMC）、国际合作项目网站，以及世界气象中心其他相关网站。

作为一个系统平台，该网站将有效协助世界气象中心（北京）履行WMO规定的职责，为世界各个国家和地区开展实时气象预报预测业务提供稳定、丰富、高质量的无缝隙天气气候分析、预报、预测等指导产品。

另外，该网站作为中国气象局开展国际合作的一个重要窗口，可对外展示我国气象科技发展成果，彰显我国在世界气象业务组织、技术交流等方面的牵头、骨干作用，有助于提高我国在世界气象舞台的显示度、影响力和贡献率。

2018年5月31日，世界气象中心（北京）门户网站业务化运行验收现场

世界气象中心（北京）网站主页
（http://www.wmc-bj.net）

世界气象中心（北京）运行纪事（2018—2019）

世界气象中心（北京）召开首次运行工作会议

为进一步落实中国气象局《关于世界气象中心（北京）管理运行有关问题的通知》精神，保障世界气象中心（北京）按照WMO的有关要求高质量履职，进一步提升我国气象业务的国际影响力，2018年7月27日上午，国家气象中心组织召开了世界气象中心（北京）首次运行工作会议。中国气象局预报与网络司司长毕宝贵、国际合作司副司长徐相华，以及相关参加单位分管领导、协调员参加了本次会议。会议由国家气象中心主任王建捷主持。

世界气象中心（北京）运行办公室从世界气象中心（北京）认定的相关背景、定位、管理运行机制、任务分工协作和未来建设目标等方面，汇报了世界气象中心（北京）自运行以来完成的主要工作，提出了2018—2019年工作计划框架。与会的相关参加单位代表纷纷发言，表示将积极支持、配合世界气象中心（北京）的运行工作，并对本单位参与的重点领域及如何进一步完善工作机制提出了意见和建议。

会议强调，世界气象中心（北京）的运行

2018年7月27日，世界气象中心（北京）首次运行工作会议现场

第二章　要闻回顾

是中共中国气象局党组高度重视的重点工作之一，牵头单位和参加单位要紧密配合、协同工作、形成合力，将其当作中国气象走向世界的一个重要出口、中国气象局践行国家"一带一路"建设的重要抓手，推动各项工作的开展；世界气象中心（北京）在运行中既要注重实效和用户培养，也要加强相关工作的规范化管理，做好年度工作计划安排。

作为牵头单位，国家气象中心将加强规范化、标准化建设，凝聚各个参加单位的智慧和力量，共同促进世界气象中心（北京）未来工作的开展。

据悉，为保障世界气象中心（北京）按WMO的有关要求认真履行职责，充分发挥作用，2018年6月25日，国家气象中心设立世界气象中心（北京）运行办公室，其主要职责包括：负责世界气象中心（北京）日常事务和业务的管理协调与运行保障工作；组织拟订与世界气象中心职责相关的对外气象援助计划草案；承担与其他世界气象中心的联系和沟通工作。

世界气象中心（北京）召开联络员首次工作会议

2018年8月31日，世界气象中心（北京）召开相关参加单位联络员首次工作会议。

会上讨论并通过、会后印发了联络员工作职责：

（一）协助开展与本单位相关工作的规划设计、业务建设、国际合作项目建议书的编写，提供年度工作计划和重点任务清单。

（二）协助开展本单位承担的运行保障和业务考核，提供本单位新产品清单、上线前的检验分析和技术说明，以及本单位产品半年、全年情况简单报告。

（三）协助开展有关国际会议、业务培训、技术交流等活动，协助落实中国气象局交办的其他任务。

（四）每月参加世界气象中心（北京）运行办公室组织的工作例会，协助相关工作的执行与宣传。

2018年8月31日，世界气象中心（北京）召开联络员首次工作会议

全球预报业务能力建设项目获批

为促进世界气象中心（北京）的建设与发展，2018年10月15日，世界气象中心（北京）运行办公室牵头编制2019年业务建设项目《〈全球预报业务能力建设〉项目可行性研究报告》，获中国气象局批准。《全球预报业务能力建设》项目由国家气象中心负责组织实施，主要参加单位有国家气候中心、国家卫星气象中心、国家气象信息中心、中国气象局公共气象服务中心、中国气象科学研究院、上海市气象局、吉林省气象局、内蒙古自治区气象局。

该项目的主要建设内容包括：

（一）建设全球无缝隙天气预报产品体系、气候预测产品体系和卫星产品体系，全球气象要素智能网格预报系统，全球灾害性天气监测及预报示范国际平台，高交互全球气象预报服务平台。

（二）建设台风试验、国际会商、国际培训、一体化业务等平台，船舶风险动态预评估系统，天气系统自动识别系统，台风监测分析能力建设。

（三）建设亚洲沙尘暴预报中心，沙尘资料收集维护及再分析系统，沙尘天气三维可视化系统，沙尘暴数值模式改进系统，沙尘暴多模式集成及中长期预报系统，沙尘暴模式预报效果检验评估系统，沙尘遥感精细化综合应用分析平台系统。

（四）建设航空气象算法集成系统，全球航空气象专业服务平台系统，"一带一路"口岸机场气象业务体系示范建设。

（五）核应急服务保障能力建设。

《全球预报业务能力建设》项目建设框架图

世界气象中心（北京）业务能力建设	区域台风预报中心业务能力建设	亚洲沙尘暴预报中心业务能力建设	航空气象预报业务能力建设	核应急服务保障能力建设
• GRAPES全球无缝隙预报产品体系 • BCC-CWRF无缝隙预测产品体系 • 基于风云卫星全球卫星产品体系 • 全球气象要素智能网格预报系统 • 高交互世界气象中心（北京）网站 • 世界气象预报和服务产品加工平台 • MICAPS4国际英文版 • 全球实时气象资料和产品收集系统	• 台风科学试验与研究平台 • 台风监测分析能力建设和改进 • 台风海洋一体化业务平台升级改造 • 台风业务国际会商和国际培训平台 • 南海台风及海洋气象产品展示平台 • 海洋预报天气系统自动识别系统	• 沙尘资料收集维护及再分析系统 • 沙尘天气三维可视化系统 • 沙尘暴数值模式改进系统 • 沙尘暴多模式集成及中长期预报系统 • 沙尘暴模式预报效果检验评估系统 • 沙尘遥感精细化综合应用分析平台	• 航空气象算法集成系统 • 全球航空气象专业服务平台系统 • 内蒙古航空气象预报业务系统	• 精细化大气扩散数值预报系统 • 吉林省省级核应急业务平台建设

第二章　要闻回顾

世界气象中心（北京）2019年工作计划获批

2019年1月30日，中国气象局预报与网络司正式批准了世界气象中心（北京）2019年工作计划。按照工作计划，世界气象中心（北京）2019年重点做好以下几项工作。

一、加强业务能力建设

组织实施中国气象局全球预报业务能力建设项目，进一步提升世界气象中心（北京）全球无缝隙天气预报产品体系、气候预测产品体系和卫星产品体系、全球灾害性天气监测和预报示范国际平台、高交互全球气象预报服务平台等业务能力建设，以及区域台风预报中心、亚洲沙尘暴预报中心、航空气象预报、核应急服务保障业务能力建设。成立项目管理小组，建立项目管理责任制和各阶段检查指标，加强建设过程中的质量管理。

二、丰富和完善门户网站产品

开发更加丰富和高质量的全球监测和预报业务产品：增加"风云"系列气象卫星全球监测定量分析产品，开发更加丰富的基于GRAPES-GFS和GRAPES-EPS业务天气预报模式系统的全球高影响天气预报、诊断产品，增加热带季节内振荡（MJO）、北极涛动（AO）、厄尔尼诺-南方涛动（ENSO）等全球气候监测产品，以及基于我国多源资料再分析全球基本天气监测产品；完善世界气象中心（北京）门户网站，整合各主要区域专业气象中心网站，开展基于云平台的高交互世界气象中心（北京）门户网站试验和区域国际会商平台的试运行。

三、提升国际培训和技术支持能力

继续做好联合国亚洲及太平洋经济社会委员会（ESCAP）/WMO台风委员会（Typhoon Committee，TC）预报员业务培训、亚洲区域气候监测预测评估论坛、风云卫星资料应用和数值预报等国际培训，着重提高培训的针对性；开展基于中国气象局公有云平台（CMACloud）的新一代中国气象局卫星数据广播系统（CMACast）升级，加强气象信息综合分析处理系统（MICAPS）和卫星天气应用平台（SWAP）的国际应用；启用世界气象中心（北京）"全球灾害性天气监测和预报示范国际平台"，做好亚洲区域多灾种预警系统（GMAS-A）在"一带一路"沿线国家的推广和应用，积极响应WMO向联合国及其他人道主义机构提供气象、水文和气候信息产品和服务新机制的建立；参与国际合作相关项目的申报。

四、承办世界气象中心研讨会等重要国际会议

承办2019年WMO首届世界气象中心研讨会，研究无缝全球资料处理和预报系统（Seamless GDPFS）手册，组织相关单位共同准备中国无缝隙预报业务实践与经验报告，展示中国气象局气象业务现代化成果，提升国际影响力；协助承办ESCAP/WMO台风委员会第51次

届会,牵头准备大会特邀报告、专题技术报告和现场业务系统展示;联合中国气象科学研究院、浙江省气象局,承办 WMO 沙尘暴预警和评估系统(SDS-WAS)指导委员会第 5 次会议,SDS-WAS 亚洲区域指导委员会第 7 次会议及国际沙尘暴学术研讨会(International Dust and Aerosol Workshop)。

五、推进各项工作的规范化建设

制定世界气象中心(北京)及其承担的各个区域专业气象中心的业务化运行规范,以及世界气象中心(北京)和区域专业气象中心有关业务管理、协调及组织工作规范等;细化 WMO 对各类中心的考核指标以及考核文件要求;高质量完成世界气象中心(北京)门户网站的运行、数据共享、年度报告等规定性任务。

六、加强宣传和运行管理

利用各种国际会议、国际项目等,对世界气象中心(北京)的相关活动、业务进展进行全方位、多媒体宣传,定期发布相关新闻报道;定期组织召开工作研讨会、联络员协调会,完善联络员运行机制,充分发挥中国气象局各业务单位在世界气象中心(北京)运行中的作用;完成中国气象局交办的其他任务。

第二章　要闻回顾

世界气象中心（北京）产品通过北京全球信息系统中心发布

2019年5月，世界气象中心（北京）的26种产品通过北京全球信息系统中心网站（http://gisc.wis.cma.cn/wis/portal.pub）发布，供全球用户使用。本次发布的产品包括：台风警报、台风综合预报和传真图、海洋气象信息、GRAPES-GFS全球数值预报产品、GRAPES-GEPS全球集合预报产品、大气沙尘暴数值预报产品、BCC气候预测模式系统全球季/月预报产品、全球月海表温度/月平均海平面气压/月平均气温/月降水量及距平图、全球月平均气温及降水量异常分布图等。

在世界气象中心（北京）运行办公室牵头协调下，北京全球信息系统中心团队和运行监控室按照要求，积极联系中国气象局相关业务单位，及时高效地完成了由国家气象中心制作的预报产品、数值预报中心制作的多种数值预报产品和国家气候中心制作的气候模式及气候预测产品等共26种150条产品元数据的制作和发布，以及上述产品实时接入和发布的流程建设等任务。

北京全球信息系统中心网站主页（http://gisc.wis.cma.cn/wis/portal.pub）

国家气象中心被认定为WMO亚洲沙尘暴预报区域专业气象中心

2017年5月17日,在WMO执行理事会第69次届会上,国家气象中心被认定为"亚洲沙尘暴预报区域专业气象中心"。这是继2013年WMO执行理事会第65次届会认定西班牙巴塞罗那为"北非-中东-欧洲沙尘暴区域预警中心"后的第二个沙尘暴预报区域专业气象中心。

2018年9—10月,亚洲沙尘暴预报区域专业气象中心陆续将日本和芬兰沙尘数值预报模式预报产品业务化引入,分别提供未来5天和3天逐3小时沙尘地表浓度和光学厚度产品,至此,已有6个国家或业务中心在亚洲沙尘暴预报区域专业气象中心门户网站上共享沙尘模式产品。2018年初,世界气象中心(北京)建设了网格化历史和实时中国沙尘地表浓度实况数据库,并基于多种集成方法研发了未来3天逐3小时亚洲区域多模式集成网格化(0.5°×0.5°)沙尘预报系统,均值集成产品已于2018年3月应用至亚洲沙尘暴预报区域专业气象中心网站,为沙尘季预报服务提供参考。

2018年,世界气象中心(北京)运行办公室联合相关单位对亚洲沙尘暴预报区域专业气象中心网站(http://www.asdf-bj.net)进行了升级。新版网站增加了"风云四号"A星(FY-4A)卫星反演气溶胶光学厚度(AOD)、气溶胶细模态比例(FMF)等产品,增加了各国沙尘模式预报的沙尘柱浓度和干湿沉降率等产品,以及日常和长期预报效果定量评估产品。

第二章　要闻回顾

国家气象中心被认定为 WMO 海洋气象服务区域专业气象中心

2018年6月，WMO执行理事会第70次届会通过了WMO和政府间海洋学委员会海洋学和海洋气象学联合技术委员会（JCOMM）第5次届会的建议：指定所有现在海上天气区（METAREA）发布机构和制作机构，作为海洋气象服务的区域专业气象中心。

作为承担全球海洋第XI海上天气区责任海域海洋预报服务单位，国家气象中心被认定为海洋气象服务区域专业气象中心，主要职责是针对第XI海上天气区我国责任区域发布海洋气象预报预警信息，在全球遇险与安全系统（GMDSS）框架下组织协调海洋气象预报预警信息的发布，履行第XI海上天气区协调员职责。

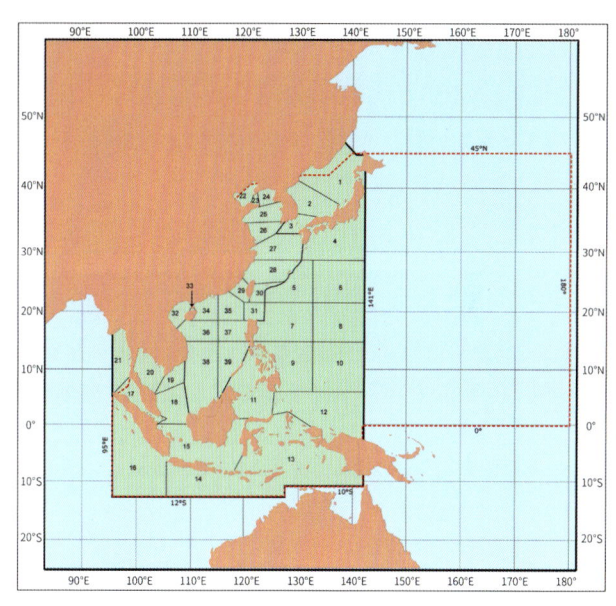

全球海洋第XI海上天气区示意图

风云卫星国际数据实现全面升级

为落实与上海合作组织各成员国的需求对接，2018年，国家卫星气象中心完成"风云二号"气象卫星数据需求调查表，并通过"风云卫星遥感数据服务网"发给国际用户填写，其中，阿富汗、巴基斯坦等8个国家已返回调查结果。

打通"一带一路"数据服务"绿色通道"，与各国开展风云卫星深入需求对接和服务。目前，已与吉尔吉斯斯坦、伊朗、阿曼、阿联酋、土耳其、乌干达等国家进行服务对接，已为吉尔吉斯斯坦、伊朗等国家开通绿色数据服务通道，并提供数据软件平台，完成基于公有云的风云气象卫星数据传输客户端软件建设，开展数据传输测试。

部署卫星应用支撑平台，帮助相关国家快速获取风云卫星数据和产品，提升各国卫星应用能力。开发完成英文版卫星天气应用平台（SWAP）单机版和网络版，为伊朗、越南、菲律宾等国家提供SWAP单机版，通过用户对接会、多边国际会议和电子邮件等形式，向俄罗斯、吉尔吉斯斯坦、印度尼西亚等国家推广试用SWAP网络版。

启动"一带一路"国际应急保障服务。指定国际应急服务对接联系人，开通国际应急响应专用邮箱，开发完成应急保障机制网站，建立风云卫星国际用户防灾减灾应急保障机制，为老挝、缅甸、伊朗、马尔代夫、泰国、菲律宾、阿尔及利亚、乌兹别克斯坦、突尼斯、蒙古国等国家的对接人开通了应急保障网站账号。

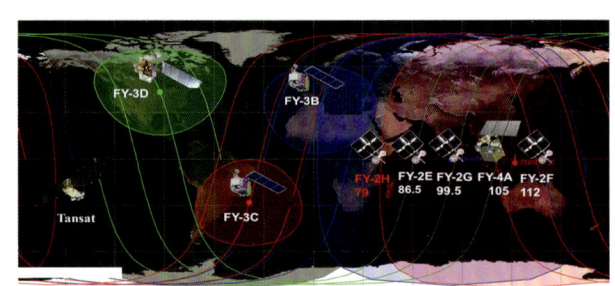
我国在轨运行风云卫星示意图

CMACast系统对接CMACloud应用试验

2018年7月，国家气象信息中心基于CMACloud公有云平台，开发了基于互联网的国外用户数据服务系统，国外用户可以通过互联网从CMACloud下载气象实时数据及产品，包括数值预报、全球交换地面高空探测数据、卫星云图以及欧洲气象卫星应用组织（EUMETSAT）交换的数据产品。该系统可解决CMACast覆盖范围外的"一带一路"用户的数据服务问题，并可作为CMACast的地面链路传输备份系统。目前，该系统已向孟加拉国、斯里兰卡、伊朗、越南等国家用户分配了账户，进行示范应用。

CMACloud服务平台主界面

第三章 业务进展

亚洲区域多灾种预警系统（GMAS-A）试运行

亚洲区域多灾种预警系统（GMAS-A）建设基于中国气象局在气象防灾减灾及国家预警信息发布系统建设运行方面的成功经验，以香港天文台为WMO长期运行的世界灾害天气信息中心网站（https://gmas.asia）为基础，利用国家预警信息发布中心先进的服务理念和技术，采用通用警报协议（CAP），依托国家气象中心监测预报和极端天气指数产品，对世界灾害天气信息中心网站进行升级，建设外网及内网两个平台：外网为预警信息汇聚发布平台，公众及决策部门可直接查阅亚洲各国权威英文预警信息；内网实现风险产品内部共享，实现中国气象局风险灾害产品及"风云"系列气象卫星产品在亚洲范围内的实时共享服务，协助亚洲各国气象水文机构提升本国预警信息制作发布能力。截至2018年9月12日，第二届中国—东盟气象合作论坛召开时，系统已建设完成亚洲区域多灾种预警信息发布子系统、亚洲区域多灾种预警信息转换子系统、亚洲区域多灾种预警信息聚合子系统，并完成国家预警信息发布系统与GMAS-A的对接工作。基于不同的方式，全球约60个WMO会员发布的预警信息已通过全球预警终端（Alert Hub）实现了与GMAS-A的互联互通。访问者除可实时获取中国内地和香港地区的预警信息外，还可获取泰国、缅甸、科威特、马尔代夫、俄罗斯等国家的预警信息。

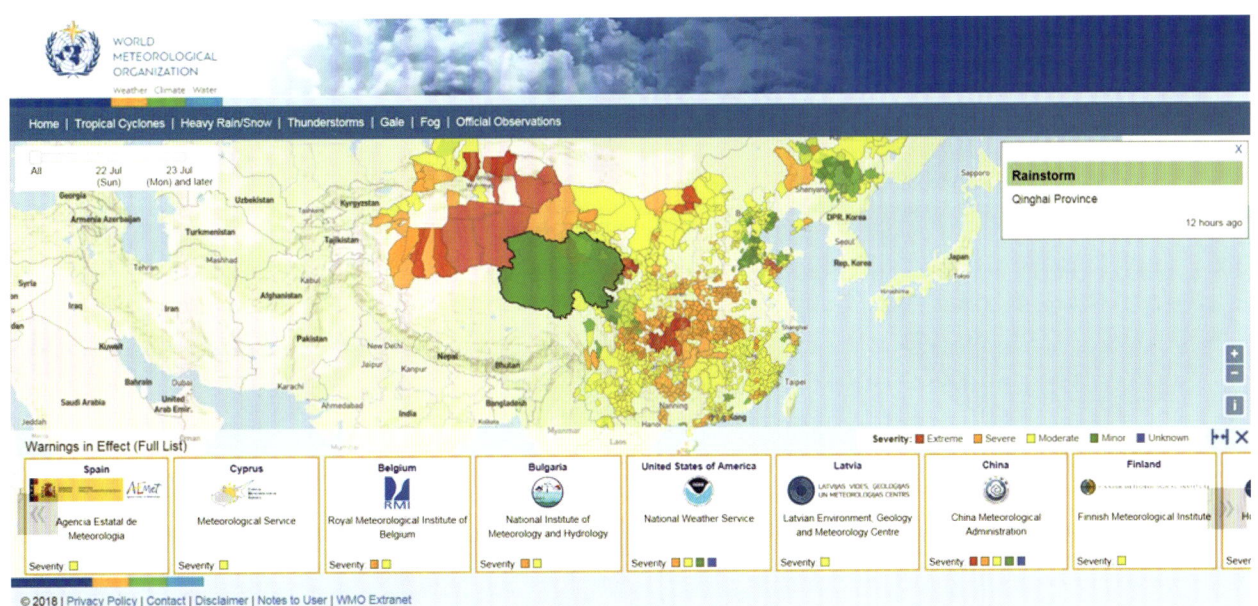

GMAS-A网站主页（https://gmas.asia）

GRAPES 四维变分同化系统实现业务化运行

2018年7月1日,中国气象局数值预报中心自主研发的GRAPES全球四维变分同化系统正式实现业务化运行。

GRAPES全球四维变分同化系统包含了GRAPES非静力全可压全球切线性模式和伴随模式、较完备的线性化物理过程、全球四维变分系统并行算法,以及全球四维变分观测资料剖分、多重外循环增量分析方案、有预调节的共轭梯度算法、数字滤波弱约束、卫星辐射率观测动态偏差订正等资料同化核心技术,能够有效同化高时间频次的常规资料和各类卫星资料,使用观测资料总量较三维变分同化系统增加50%左右。

回算试验和业务平行试验结果表明,基于GRAPES-4DVAR的GRAPES全球预报在中短期时效内获得全面改进。其中,北半球3天以内和南半球1~10天的预报改进明显;雨带和大量级降水预报技巧提高;台风路径预报误差明显减小(15%左右)。中央气象台天气学检验结果显示,基于GRAPES-4DVAR的GRAPES全球预报提高了动力场和大型雨带预报的稳定性和准确度,降温范围和强度预报的准确度也有所提高。GRAPES全球四维变分同化系统在分析质量、计算效率方面有了较大突破,同化和预报的各项性能指标总体超过现行全球业务三维变分同化系统。

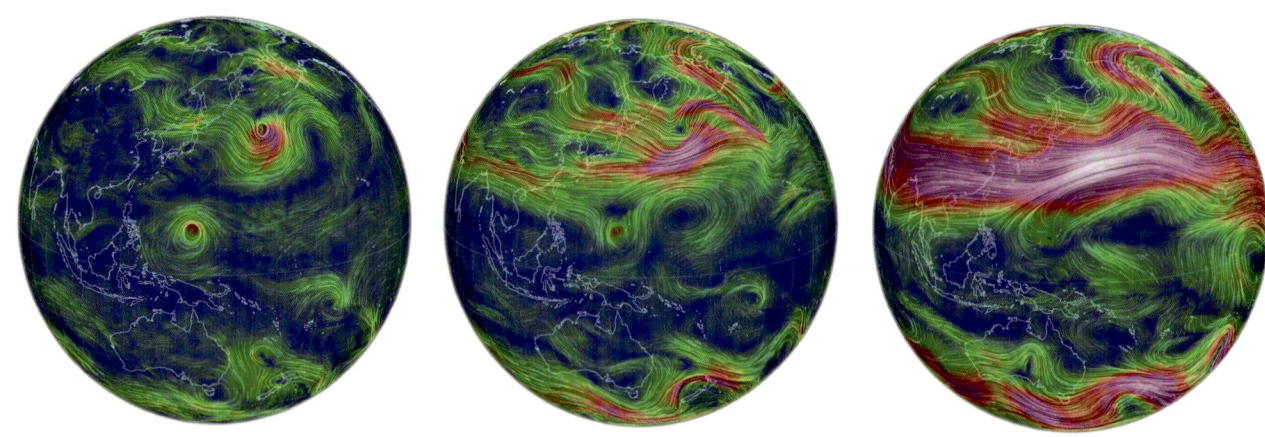

2019年2月24日08时,GRAPES-GFS预报的850 hPa(左)、500 hPa(中)、200 hPa(右)高空环流形势图

第三章　业务进展

北京气候中心研制新版高分辨率气候系统模式

2018年，北京气候中心气候系统模式（BCC-CSM）研发取得重要进展，建立了全球高分辨率气候系统模式版本BCC-CSM2，其中，大气水平分辨率为T266（约45 km），垂直有56层，最高层次达到0.1 hPa，与旧版本相比，新版本对平流层气候变率的模拟能力得到显著增强。通过调试优化模式的对流重力波参数化方案，提高了热带平流层准两年振荡（QBO）的模拟水平，基本解决了QBO模拟周期偏短的问题，同时模拟的QBO强度明显增强，更加接近观测特征。新版本BCC-CSM2将参与第6次国际多模式比较计划（CMIP6），用于完成相关的高分辨率模拟试验。

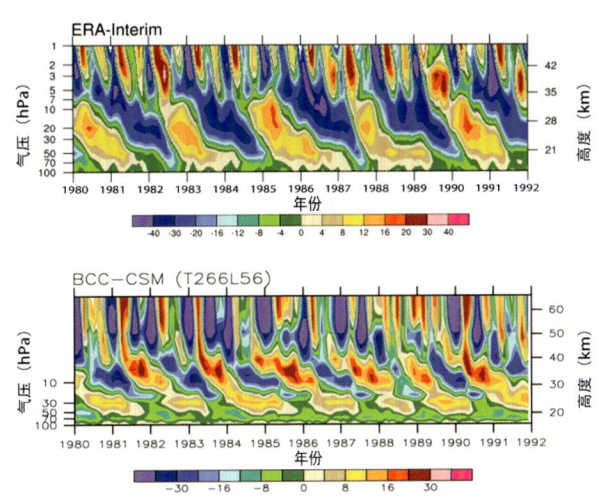

ERA-Interim再分析资料（上）和BCC-CSM模拟（下）的5°S～5°N平均纬向风的高度–时间剖面特征

多尺度模式动力框架取得新进展

中国气象科学研究院于2018年度完成了具有严格精度要求和守恒性的有限体积算法及框架的整体架构设计，并开展模式基础软件的相关部署。以浅水模型作为模式发展的软件框架原型，进行了球面浅水方程模式的搭建及系统性评估工作。完成了适合大规模并行的高效数据结构设计，实现了一套适用于大规模并行环境的高效算法原型。采用高精度标量物质传输算子，并结合单调限制器，检验了模式在处理不同类型标量分布（连续、准连续、强间断）时的模拟性能，显示出良好的计算效果，有效抑制虚假数值振荡和耗散误差。针对浅水模型的研究表明，当采用高精度迎风格式进行位涡传输时，可以显著提高模式的计算精度、减少计算噪音、提高位涡拟能的稳定性。浅水模型能够模拟出和参考解一致的动能谱特征，并合理呈现动能谱的旋转与辐散分量、静止与瞬变分量。浅水模型模拟的动能谱对位涡传输算子的二阶与三阶构造具有合理的响应。

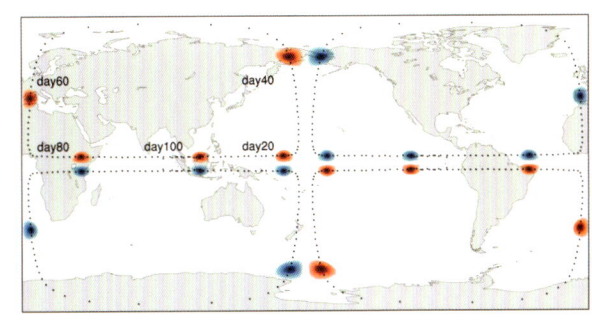

浅水模型对移动碰撞偶极子的模拟（图中给出偶极子在第20天、40天、60天、80天和100天时的位置分布）

世界气象中心（北京）运行纪事（2018—2019）

首届 WMO 世界气象中心研讨会在北京召开

2019年3月26日，首届WMO世界气象中心研讨会参会代表合影留念

2019年3月26—29日，由WMO和中国气象局共同主办，世界气象中心（北京）运行办公室承办的首届WMO世界气象中心研讨会在北京开幕。来自美国、俄罗斯、澳大利亚、欧洲中期天气预报中心、英国、德国、加拿大、日本和中国9个世界气象中心的业务和研究领域的代表，新西兰海洋专业预报中心、巴西气象通信信息区域专业气象中心的代表，WMO基本系统委员会（CBS）主席、副主席及相关专家，WMO大气科学委员会（CAS）相关专家，WMO特邀非洲区域气象水文部门的代表以及中国气象、水文相关专家，WMO秘书处天气和减轻灾害风险服务司（DRR）相关代表，共60余人参加了本次会议。

中国气象局副局长余勇代表中国气象局在研讨会开幕式上致欢迎辞；WMO秘书长佩蒂瑞·塔拉斯通过视频方式向研讨会致辞，并对会议重点研讨的议题提出要求；CBS副主席、中国气象局副局长矫梅燕，CBS主席代表莎拉·琼斯分别代表两个技术委员会致辞。国家气象中心主任王建捷主持了研讨会开幕式。

本次研讨会的主题为"共同建立地球系统预报，倾力服务经济社会发展"，主要议题包括：各个世界气象中心之间及其与区域专业气象中心之间的协调机制；推进WMO无缝隙全球资料处理与预报系统新理念的实施；支持欠发达国家气象和水文部门的能力建设；世界气象中心如何支持人道主义活动；等等。

会议提出了促进未来无缝隙全球资料处理和预报系统（Seamless GDPFS）实施的相关建议：（1）制定滚动需求评估；（2）研究领域和业务化运行领域共同致力于Seamless GDPFS的设计；（3）Seamless GDPFS与WMO信息系统2.0 (WIS 2.0)相协调，以更好地提供产品和服务；（4）确保最不发达国家和小岛屿发展中国家气象和水文部门能力开发机制；（5）世界气象中心和区域专业气象中心之间建立完善的协调机制，以支持会员作出明智的决策；（6）利用容易实现的目标和适当的现有试验项目，促进其实施。

首届WMO世界气象中心研讨会开幕式现场

第四章 相关活动

中越就台风"山竹"进行视频会商

2018年9月14日,由于超强台风"山竹"带来的强风雨可能会影响到中国南海和越南,国家气象中心、广州区域气象中心的专家与越南同行一起进行视频连线,共同商讨台风"山竹"的未来路径、强度以及风雨影响,特别关注了台风临近陆地时的风暴潮及海浪预报情况。

2018年9月14日,中越就台风"山竹"进行视频会商

世界气象中心(北京)为阿富汗应对旱灾提供气象服务

自2018年9月以来,中国气象局持续推进落实习近平主席在上海合作组织青岛峰会上提出的关于"中方愿利用'风云二号'气象卫星为各方提供气象服务"承诺的相关工作。

据悉,2008年,阿富汗北部和西部遭遇严重旱灾。据联合国估计,阿富汗约有27万人因旱灾流离失所。

阿富汗作为上海合作组织的四个观察员国之一,是我国风云卫星的重要服务对象。应阿方请求,中国气象局在世界气象中心(北京)门户网站上为阿富汗干旱应对服务建立了专门服务通道。

世界气象中心(北京)运行办公室第一时间组织国家气象信息中心研发干旱相关的监测、预报定制产品,并通过预报系统开发实验室建立的专门服务通道进行网上发布。世界气象中心(北京)向阿方提供"风云二号"H星云图、地面温度和降水实况产品、GRAPES模式确定性预报和集合预报产品、降水气候预测"风云三号"地面遥感等干旱相关产品共4大类20余种,为阿富汗气象部门开展天气气候预测和应对干旱气象服务提供了强有力的支持。

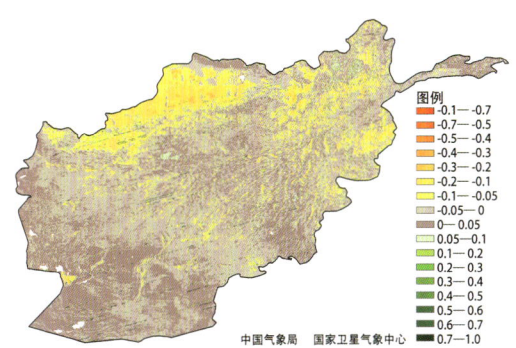

FY-3B / VIRR 植被长势监测(2018年5月 vs 2014—2017年同期平均)

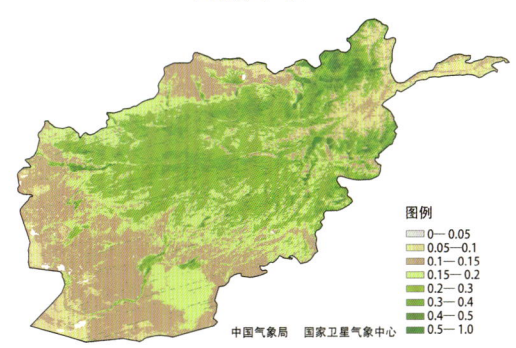

FY-3B / VIRR 植被指数(2018年5月)

世界气象中心（北京）牵头组织首次国际培训活动

2018年5月21—24日，世界气象中心（北京）运行办公室牵头组织了面向孟加拉国气象局技术专家拉齐亚·苏丹娜（Razia Sultana）女士和Kh.哈菲兹尔·拉赫曼（Kh.Hafizur Rahman）先生的CMACast应用技术国际培训。在历时4天的培训中，世界气象中心（北京）安排两位外宾在国家气象中心、国家气象信息中心和国家卫星气象中心进行了CMACast核心系统的技术培训，培训内容涉及MICAPS系统应用技术以及MICAPS4，CMACast数据接收、预处理技术，SWAP系统气象卫星接收、应用系统以及SWAP2等。此外，孟加拉国专家还利用这次培训机会，参观了解了中央气象台预报业务平台、国家气象信息中心业务监测系统、中国气象频道。中孟双方专家就GRAPES-MESO中尺度区域数值预报系统在孟加拉国的应用进行了探讨。

此次培训是中国气象局首次针对CMACast，邀请国外用户技术专家来国家级业务中心培训，也是世界气象中心（北京）牵头开展的运行活动中的首次国际培训。

孟加拉国气象局专家访问中国气象局

第2届中国—东盟气象合作论坛技术交流会召开

2018年9月12日，由世界气象中心（北京）运行办公室牵头组织的第2届中国—东盟气象合作论坛技术交流会在广西南宁召开，来自中国和印度尼西亚、老挝、马来西亚、缅甸、菲律宾、越南、泰国等东盟国家的气象业务和科研人员共百余人参加了交流会。

以"区域气象灾害的监测与预警信息共享"为主题，中国和东盟各国气象部门的专家、学者共作了12个报告，内容涵盖区域气象合作、气候监测预测、灾害联防、航空气象、业务技术交流及培训等方面。本次学术交流活动的开展，将增进中国和东盟国家在气象防灾减灾和应对区域气候变化领域，加强"一带一路"框架下的气象领域交流与合作，促进区域气象业务技术交流合作平台，以及中国和东盟气象灾害的监测及联防机制的建立。

2018年9月12日，中国气象局副局长沈晓农在交流会期间指导世界气象中心（北京）运行办公室参加中国－东盟博览会布展工作

第四章　相关活动

WMO SDS-WAS 国际会议在日本举行

2018年11月19—21日，WMO沙尘暴预警和评估系统（SDS-WAS）亚洲区域指导委员会第6次会议及国际沙尘暴学术研讨会在日本筑波举行。参会人员包括来自中国、日本、韩国、印度及WMO秘书处的代表共40余位。中国气象局环境气象中心桂海林作了亚洲沙尘暴预报区域专业气象门户网站工作组的工作报告；张天航作了题为"亚洲沙尘地表浓度多模式集成预报"的技术报告，并汇报了亚洲沙尘暴预报区域专业气象中心（RSMC-ASDF）集合预报的工作进展；世界气象中心（北京）运行办公室任璐作了亚洲沙尘暴预报区域专业气象中心的工作报告。

2018年11月19日，WMO SDS-WAS 国际会议参会代表合影留念

气象卫星产品应用国际培训班在广州开班

2019年6月19—28日，"一带一路"沿线国家气象卫星产品应用国际培训班在广州顺利开班，来自俄罗斯、泰国、菲律宾、伊拉克、马来西亚、塔吉克斯坦、莫桑比克、埃及、斯威士兰、肯尼亚、苏丹、巴布亚新几内亚12个国家的学员参加了培训。中国气象局气象干部培训学院副院长王志强、国家卫星气象中心副主任张鹏、广东省气象局副局长梁建茵出席开班仪式并分别致辞。

培训班开展了课堂面授、上机实习、学员论坛、赴广州气象卫星地面站和广东省气象局业务单位现场教学等课程和活动，使国际学员了解我国"风云"系列气象卫星产品概况，掌握气象卫星产品在天气预报、气象灾害监测领域的应用方法，增强对"风云"系列气象卫星产品的应用能力。本次国际培训班对进一步促进"一带一路"沿线国家与我国在卫星气象领域的国际合作有重要意义。

2019年6月19日，气象卫星产品应用国际培训班学员合影留念

第3届台风监测及预报国际培训班在北京开班

2018年12月10日上午，世界气象中心（北京）运行办公室与中国气象局气象干部培训学院联合举办的第3届台风监测及预报国际培训班在北京开班。此次培训班的主题为"台风监测和预报业务"，培训对象为7名外籍预报员（台风委员会5名和北印度洋热带气旋委员会2名）及17名中国沿海城市预报员。中国气象局国际合作司国际处副处长虞俊、国家气象中心副主任魏丽、中国气象局气象干部培训学院副院长王志强、美国国家飓风研究专家马克·兰德（Mark Lander）教授出席了开班仪式。

此次培训班特别邀请美国国家飓风研究专家，以及我国国家气象中心、国家卫星气象中心、

马克·兰德教授为培训班学员授课

中国气象科学研究院、中国气象局气象干部培训学院、国家海洋局环境预报中心等单位的专家为学员授课。培训内容包括近几年台风及海洋预报业务进展、"风云"系列气象卫星产品在台风及海洋预报中的应用、海浪预报业务及模式产品介绍等。

2018年12月10日，第3届台风监测及预报国际培训班结业典礼现场

第四章　相关活动

第9届WMO热带气旋技术协调会在美国举行

2018年12月9—12日，第9届WMO热带气旋区域专业气象中心和热带气旋预警中心技术协调会在美国夏威夷举行。与会代表来自WMO热带气旋项目处（TCP）、美国迈阿密飓风中心（RSMC Miami）、火奴鲁鲁（中太平洋）飓风中心（RSMC Honolulu）、日本东京台风中心（RSMC Tokyo）、（西南印度洋法属）留尼汪热带气旋中心（RSMC La Reunion）、（南太平洋）斐济纳迪热带气旋中心（RSMC Nadi），以及澳大利亚珀斯热带气旋预警中心（TCWC Perth）、印尼雅加达热带气旋预警中心（TCWC Jakarta）、巴布亚新几内亚莫里斯比港热带气旋预警中心（TCWC Port Moresby）、新西兰惠灵顿热带气旋预警中心（TCWC Wellington）、中国气象局和中国香港天文台，共18人。

本次会议的主要议题包括：回顾并讨论近年来各区域专业气象中心和热带气旋预警中心业务进展、预报准确率及面临的挑战；第8届热带气旋技术协调会（TCM-8）的后续工作；第9次热带气旋国际研讨会（IWTC-9）和第4次热带气旋登陆过程国际研讨会（IWT-CLP-4）的成果和相关建议；全球热带气旋预报资质；WMO/TCP如何协调为WMO全球气象预警系统（GMAS）做出贡献；如何更好地为航空气象服务提供热带气旋预报信息；WMO机构改革背景下，热带气旋技术协调会（TCM）的职责及章程等。国家气象中心钱传海代表中国气象局参加了相关讨论。

2018年12月9日，第9届WMO热带气旋技术协调会现场

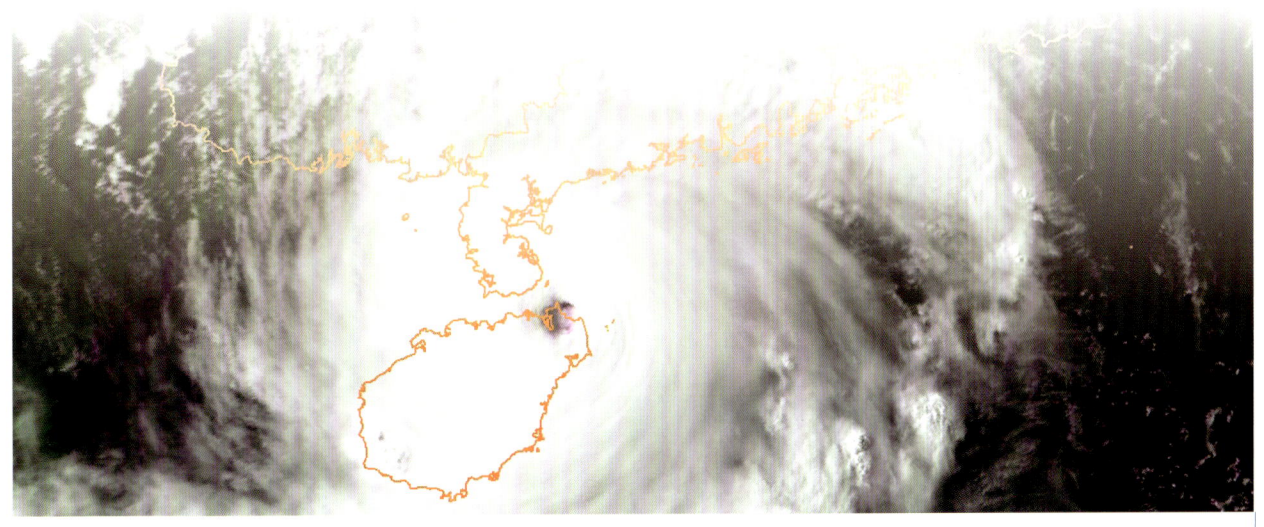

首届 WWNWS-SC 与 WWMIWS 联合会议在摩纳哥召开

2018年8月27—31日，首届全球航行警告服务分委会（WWNWS-SC）与国际气象组织全球海洋气象信息警告服务（WWMIWS）联合会议在摩纳哥国际航道测量组织（IHO）总部召开，来自全球海上航行区（NAVAREA）、海上天气区（METAREA）的协调员，国家海事组织、WMO 及海洋学和海洋气象学联合技术委员会（JCOMM）、海上卫星通信服务提供商 Iridium 以及 Inmarsat 公司的代表均出席了本次会议。国家气象中心赵伟以第Ⅺ海上天气区协调员的身份参加了此次会议，并代表第Ⅺ海上天气区印度洋海事卫星覆盖区介绍了我国远海海事气象服务业务的发展情况。

2018年8月27日，首届 WWNWS-SC 与 WWMIWS 联合会议参会代表合影留念

第4届 WMO 季风强降水国际研讨会在深圳召开

2019年4月16—18日，由中国气象科学研究院（灾害天气国家重点实验室）主办，深圳市气象局和中国气象学会联合承办的第4届 WMO 季风强降水国际研讨会在深圳召开，来自世界各国气象领域的100余名专家和学者参加了此次会议。

第4届 WMO 季风强降水国际研讨会的主题为"季风强降水科学与预报"。来自美国、英国、法国、澳大利亚、韩国、印度、菲律宾等国家，

2019年4月16日，第4届 WMO 季风强降水国际研讨会代表合影留念

以及国内高校、科研院所和业务单位的专家，围绕季风强降水的观测、模式和预报进展，热带气旋相关的强降水事件进行了深入、广泛的交流。此外，会议还开展了集合预报系统的短课培训，以提高参会代表和预报员的业务实践能力。此次会议推进了季风暴雨研究领域的国际合作与交流，也体现了我国在此领域科研活动中的主动性，提升了我国在季风暴雨研究中的国际影响力，对促进国家级和地方级气象科研业务部门在季风暴雨研究等方面的交流合作也将发挥积极作用。

第四章 相关活动

首届 JCOMM 中国专家组会议在国家气象中心召开

2019年5月23日下午，应国家气象中心邀请，自然资源部国家海洋信息中心、国家海洋标准计量中心、中国气象局预报与网络司的多位海洋学和海洋气象学联合技术委员会（JCOMM）专家组成员齐聚国家气象中心，召开了首届 JCOMM 中国专家组会议。会议还邀请了中国气象局国际合作司和世界气象中心（北京）运行办公室的专家到会指导。

会议由台风与海洋气象预报中心副主任、JCOMM 能力建设协调员赵伟主持。中国气象局国际合作司许万智介绍了 WMO 和 JCOMM 的机构改革方案和进展，世界气象中心（北京）运行办公室主任周庆亮介绍了世界气象中心（北京）建设概况以及未来发展思路。预报与网络司气候处、JCOMM 海洋气候专家组（ETMC）组长龚志强介绍了专家组近期工作以及参加第5次 JCOMM 海洋气候进展研讨会成果。赵伟介绍了国家气象中心在 JCOMM 框架下在海洋气象服务与能力建设方面开展的工作，以及2018年10月参加巴黎 JCOMM 管理组会议情况。JCOMM 数据浮标工作组亚洲区副主席于婷、能力建设协调员姜秋重点介绍了将于2019年9月在夏威夷召开的海洋观测大会和太平洋岛国第4次会议筹备情况。参会专家还就人才培养、数据共享和发放、能力建设、特长领域在国际上的经验推广等进行了广泛交流，总结了与世界一流发达国家的差距。参会各方就定期沟通协调、深入合作达成共识，以期在不远的将来，我国气象和海洋领域的专家在走出国门加强国际合作方面形成合力，提高国家影响力，贡献中国智慧。

2019年5月23日，首届 JCOMM 中国专家组会议现场

WMO向联合国及其他人道主义机构提供气象、水文和气候信息产品和服务研讨会在瑞士召开

2018年12月3—5日，WMO向联合国及其他人道主义机构提供气象、水文和气候信息产品和服务研讨会在瑞士日内瓦召开。来自奥地利、瑞士、英国、德国、塞内加尔、加拿大、中国、马里、中国香港和美国的WMO会员代表，以及世界卫生组织（WHO）、红十字会与红新月会国际联合会（IFRC）、联合国开发计划署自主减灾能力倡议（CADRI/UNDP）、联合国训练研究所（UNITAR）、基督教援助协会（Christian-Aid）、人道主义事务协调办公室（OCHA）、启动网络慈善机构（Start Network）、国际移民组织（IOM）、联合国粮食及农业组织（FAO）、世界自然保护联盟（IUCN）、联合国行动与危机中心（UNOCC）、国际原子能机构（IAEA）、WMO等联合国系统代表和非政府组织机构代表共40余人与会，部分代表通过视频方式参加了会议。世界气象中心（北京）运行办公室主任周庆亮代表中国气象局参加了本次研讨会。

本次会议首先介绍了WMO过去开展的向联合国及其他人道主义机构提供气象、水文和气候信息产品和服务工作，以及最近世界气象大会、执委会的相关要求，分享了联合国总部运行和危机中心（UNOCC）工作机制，英国气象局、香港天文台在联合国总部参与相关支持工作的经历。然后，联合国系统代表和非政府组织机构代表分别介绍了组织、参加人道主义活动、项目的实践，与会代表就联合国及其他人道主义机构提供气象、水文和气候信息产品和服务的具体需求、工作机制及工作运行实体机构设置进行了分组讨论。最后，WMO秘书处天气和减轻灾害风险服务司对各位专家的意见进行归纳总结，并形成会议报告再提交会议代表审议，最终提交2019年第18次世界气象大会审议。

2018年12月3日，WMO向联合国及其他人道主义机构提供气象、水文和气候信息产品和服务研讨会现场

第四章 相关活动

WMO人道主义/气象联合模拟和学习研讨会在瑞士召开

2019年2月7—8日，WMO人道主义/气象联合模拟和学习研讨会在瑞士日内瓦国际会议中心召开。此次研讨会是继2018年12月召开的WMO向联合国及其他人道主义机构提供气象、水文和气候信息产品和服务研讨会之后，对相关工作的继续研讨，旨在利用联合国"人道主义网络和伙伴关系周"平台，进一步完善WMO相关的协调机制理念和执行计划。WMO牵头组织联合国人道主义事务协调办公室（OCHA）、红十字会与红新月会国际联合会（IFRC）、世界卫生组织（WHO）等相关机构，以及奥地利、瑞士、英国、德国、塞内加尔、加拿大、中国等WMO会员代表与会。世界气象中心（北京）运行办公室主任周庆亮代表中国气象局参加了此次研讨会。

2019年2月7日，WMO人道主义/气象联合模拟和学习研讨会现场

WMO SWFDP-BoB首次管理组会议在斯里兰卡举行

2018年11月28日—12月1日，WMO灾害性天气预报示范项目孟加拉湾子项目（SWFDP-Bay of Bengal，简称SWFDP-BoB）首次管理组会议在斯里兰卡首都科伦坡举行。中国气象局数值预报中心佟华作为该项目联系人参加了此次会议，并就中国气象局对SWFDP项目所做的贡献及下一步计划作了报告。中国北京作为全球中心之一，已经分别于2012、2016年为东南亚和中亚两个区域的SWFDP项目提供了针对地区需求的卫星观测信息和数值预报专门指导产品。该项目于2011年开始计划和准备，2012年初步实施，期间不断调整和增加参加计划的会员，2018年提议增加中国气象局作为全球中心提供全球确定性和集合预报数值模式产品。

2018年11月28日，WMO SWFDP-BoB首次管理组会议参会代表合影留念

第 4 届数值预报科学指导委员会会议在北京召开

2018年9月19—21日，第4届数值预报科学指导委员会（SSC）会议在北京召开，来自欧洲中期天气预报中心（ECMWF）、英国气象局（UK-Met）、美国环境预报中心（NCEP）、美国国家大气研究中心（NCAR）、法国气象局（Meteo France）、澳大利亚蒙纳士（Monash）大学、中国科学院大气物理研究所、南京信息工程大学等单位的9位资深数值预报专家作为SSC成员出席了此次会议，欧洲中期天气预报中心模式研发部前主任马丁·米勒（Martin Miller）博士担任会议主席。中国气象局数值预报中心领导、核心技术骨干，以及中国气象局北京城市气象研究所、中国气象局上海台风研究所、中国气象局广州热带海洋气象研究所专家全程参加了会议。本次SSC会议聚焦研讨4个方面的议题：（1）GRAPES全球模式物理过程水汽和降水偏差研讨；（2）GRAPES千米尺度区域模式的研究进展；（3）"风云"系列气象卫星产品在GRAPES全球和区域模式中的应用；（4）GRAPES全球模式动力框架相关问题。

2018年9月19日，第4届数值预报科学指导委员会会议参会专家合影留念

第四章 相关活动

第15届亚洲区域气候监测、预测和评估论坛在广西召开

2019年5月8—10日，由国家气候中心主办、广西壮族自治区气象局协办的第15届亚洲区域气候监测、预测和评估论坛（FOCRAII）在广西南宁召开。来自国内外的100余位代表参加了本次论坛。国外代表分别来自WMO亚洲和西南太平洋区域办公室、美国国家海洋和大气管理局（NOAA）、欧洲中期天气预报中心，日本、韩国、朝鲜、俄罗斯、哈萨克斯坦、蒙古国、印度尼西亚、菲律宾、泰国、缅甸、老挝、越南、新加坡和刚果。国内代表分别来自自然资源部、国家电网、中国科学院大气物理研究所、中山大学、中国海洋大学、南京信息工程大学、国家气象中心、国家卫星气象中心、国家气象信息中心、中国气象科学研究院、中国气象局气象干部培训学院、国家气候中心，各省（自治区、直辖市）气候中心，以及中国香港和澳门地区。

论坛充分体现了WMO区域气候中心的4项必备功能：长期预报业务、气候监测业务、资料服务和产品培训。论坛回顾了上一届论坛由亚洲各国气象水文部门联合会商给出的夏季"亚洲区域气候趋势预测"。与会专家对近期亚洲区域气候异常及2019年夏季气候异常的影响进行了深入分析和探讨，并对夏季亚洲区域气候趋势进行预测会商，初步给出2019年夏季亚洲区域降水、温度分布趋势。最终会商意见将上报WMO有关机构。

2019年5月18日，第15届亚洲区域气候监测、预测和评估论坛现场

世界气象中心（北京）运行办公室组织 TC-51 摄影比赛中国推荐作品评比工作

2018年8—10月，世界气象中心（北京）运行办公室组织了 ESCAP/WMO 台风委员会（TC）第51次届会摄影比赛中国推荐作品评比工作。本次活动通过中央气象台微信公众号、微博，中国气象局微信公众号等渠道共征集到参赛作品50多幅，以及气象部门系统内部参评的若干作品，经专家评审，最终评选出6幅优秀作品。

本次评选出的6幅优秀摄影作品于2019年初在中国广州召开的 ESCAP/WMO 台风委员会第51次届会上，与其他13个国家和地区的作品进行最终角逐。

流金岁月　谢剑飞 | 摄
2018年6月15日，摄于中国台湾省台中市高美湿地

台风"山竹"过后　隋彪 | 摄
2018年9月22日，摄于中国香港

第四章 相关活动

台风"飞燕"来临香港 隋彪 | 摄
2013年8月1日，摄于中国香港

准备直播 冯炳雄 | 摄
2014年9月16日，摄于广东省湛江市

台风"康妮"惊涛拍岸 梁敏慧 | 摄
2018年10月5日，摄于浙江省温岭市石塘镇海域

渔船进港避台风"灿鸿" 梁敏慧 | 摄
2015年7月11日，摄于浙江省台州市路桥区金清大港

33

附录 世界气象中心（北京）门户网站首批业务产品列表

2018年6月6日，世界气象中心（北京）门户网站正式上线，并实现业务化运行。首批业务产品列表如下表所示。

世界气象中心（北京）门户网站首批业务产品列表

产品制作单位	产品类别	产品内容
国家气象中心	GRAPES-GFS 确定性预报产品	位势高度
		温度
		风
		相对湿度
		涡度
		散度
		海平面气压
		2 m 温度
		10 m 风
		总降水
	GRAPES-EPS 集合预报产品	位势高度集合平均 + 离散度
		平均海平面气压集合平均 + 离散度
		全风速集合平均 + 离散度
		24 小时累积降水 >1 mm 概率
		24 小时累积降水 >5 mm 概率
		24 小时累积降水 >10 mm 概率
		24 小时累积降水 >25 mm 概率
		24 小时累积降水 >50 mm 概率
		24 小时累积降水 >100 mm 概率
		10 m 风速 >10 m/s 概率
		10 m 风速 >15 m/s 概率
		10 m 风速 >25 m/s 概率
	GRAPES-GFS 检验评分产品	高度场 - 距平相关系数（ACC）时间序列图
		温度场 - 距平相关系数（ACC）时间序列图
		风速场 - 距平相关系数（ACC）时间序列图
		高度场 - 均方根误差（RMSE）时间序列图
		温度场 - 均方根误差（RMSE）时间序列图
		风速场 - 均方根误差（RMSE）时间序列图
		高度场 - 距平相关系数（ACC）月平均图
		温度场 - 距平相关系数（ACC）月平均图
		风速场 - 距平相关系数（ACC）月平均图
		高度场 - 均方根误差（RMSE）月平均图
		温度场 - 均方根误差（RMSE）月平均图
		风速场 - 均方根误差（RMSE）月平均图
	天气分析产品	北半球海平面气压分析
		北半球高空分析
		欧亚海平面气压分析
		欧亚高空分析
		欧亚海平面气压分析 + 云图
		欧亚高空分析 + 云图

续表

产品制作单位	产品类别	产品内容
国家气候中心	BCC-CPS 长期预报产品	逐月 2 m 气温距平预报图
		逐月 2 m 气温距平概率预报图
		逐月 SST 距平预报图
		逐月 SST 距平概率预报图
		逐月降水距平预报图
		逐月降水距平概率预报图
		逐月 500 hPa 位势高度距平预报图
		逐月 500 hPa 位势高度距平概率预报图
		逐月海平面气压距平预报图
		逐月海平面气压距平概率预报图
		逐月 850 hPa 气温距平预报图
		逐月 850 hPa 气温距平概率预报图
		逐 3 月 2 m 气温距平预报图
		逐 3 月 2 m 气温距平概率预报图
		逐 3 月 SST 距平预报图
		逐 3 月 SST 距平概率预报图
		逐 3 月降水距平预报图
		逐 3 月降水距平概率预报图
		逐 3 月 500 hPa 位势高度距平预报图
		逐 3 月 500 hPa 位势高度距平概率预报图
		逐 3 月海平面气压距平预报图
		逐 3 月海平面气压距平概率预报图
		逐 3 月 850 hPa 气温距平预报图
		逐 3 月 850 hPa 气温距平概率预报图
国家卫星气象中心	FY-4A 图像产品	圆盘图（真彩色）
		圆盘图（通道 1）
		圆盘图（通道 2）
		圆盘图（通道 3）
		圆盘图（通道 4）
		圆盘图（通道 5）
		圆盘图（通道 6）
		圆盘图（通道 7）
		圆盘图（通道 8）
		圆盘图（通道 9）
		圆盘图（通道 10）
		圆盘图（通道 11）
		圆盘图（通道 12）
		圆盘图（通道 13）
		圆盘图（通道 14）
		中国及周边区域云图（真彩色）
		中国及周边区域云图（通道 1）
		中国及周边区域云图（通道 2）
		中国及周边区域云图（通道 3）
		中国及周边区域云图（通道 4）
		中国及周边区域云图（通道 5）
		中国及周边区域云图（通道 6）
		中国及周边区域云图（通道 7）
		中国及周边区域云图（通道 8）
		中国及周边区域云图（通道 9）
		中国及周边区域云图（通道 10）
		中国及周边区域云图（通道 11）
		中国及周边区域云图（通道 12）
		中国及周边区域云图（通道 13）
		中国及周边区域云图（通道 14）
	FY-3C 图像产品	FY-3C 云图

致 谢

本书基于2018—2019年世界气象中心（北京）时事通讯相关材料编纂而成。衷心感谢国家气象中心、国家气候中心、国家卫星气象中心、国家气象信息中心、中国气象局公共气象服务中心、中国气象科学研究院、中国气象局气象干部培训学院、中国气象局气象宣传与科普中心、中国气象报社等世界气象中心（北京）相关业务单位的支持和协助。